Super M

Mathematik für alle

3

Rechentraining

Herausgegeben von
Ursula Manten
Gudrun Hütten
Klaus Heinze

Erarbeitet von
Brigitte Steinau

Cornelsen

(1)
1 + 1 = ____
2 + 2 = ____
3 + 3 = ____
4 + 4 = ____
5 + 5 = ____
6 + 6 = ____
7 + 7 = ____
8 + 8 = ____
__ + __ = ____
____ + ____ = ____

(2)
1 · 1 = ____
2 · 2 = ____
3 · 3 = ____
4 · 4 = ____
5 · 5 = ____
6 · 6 = ____
7 · 7 = ____
8 · 8 = ____
__ · __ = ____
____ · ____ = ____

(3)
1 · 1 + 1 = ____
2 · 2 + 2 = ____
3 · 3 + 3 = ____
4 · 4 + 4 = ____
5 · 5 + 5 = ____
6 · 6 + 6 = ____
7 · 7 + 7 = ____
8 · 8 + 8 = ____
__ · __ + __ = ____
____ · ____ + ____ = ____

(4)
2 · 3 + 1 · 3 = 3 · 3 = ____
2 · 4 + __ · __ = 4 · 4 = ____
2 · 5 + __ · __ = 5 · 5 = ____
2 · 6 + __ · __ = 6 · 6 = ____
2 · 7 + __ · __ = 7 · 7 = ____
2 · 8 + __ · __ = 8 · 8 = ____

① 3 + 8 = ____
23 + 8 = ____
73 + 18 = ____

② 4 + 7 = ____
24 + 7 = ____
74 + 17 = ____

③ 5 + 6 = ____
25 + 6 = ____
75 + 16 = ____

④ 9 + 5 = ____
29 + 5 = ____
79 + 15 = ____

⑤ 8 + 6 = ____
28 + 6 = ____
78 + 16 = ____

⑥ 7 + 7 = ____
27 + 7 = ____
77 + 17 = ____

⑦ 7 + 6 = ____
27 + 6 = ____
77 + 16 = ____

⑧ 8 + 5 = ____
28 + 5 = ____
78 + 15 = ____

⑨ __ + __ = ____
____ + __ = ____
____ + ____ = ____

⑩

	___	
___		___
9	5	20

⑪

	___	
___		___
20	5	9

⑫

	___	
___		___
5	20	9

⑬

	___	
___		___
9	20	5

⑭

	43	
14		___
___	9	___

⑮

	43	
29		___
___	9	___

⑯

① 3 | 4 | 12

3 · 4 = ___
4 · 3 = ___
12 : 3 = ___
12 : 4 = ___

② 5 | 7 | 35

5 · 7 = ___
7 · 5 = ___
35 : 5 = ___
35 : 7 = ___

③ 3 | 9 | 27

__ · __ = ___
__ · __ = ___
___ : __ = ___
___ : __ = ___

④ 5 | 6 | 30

5 · 6 = ___
6 · 5 = ___
30 : 5 = ___
30 : 6 = ___

⑤ 6 | 8 | ___

6 · 8 = ___
8 · 6 = ___
___ : 6 = ___
___ : 8 = ___

⑥ 7 | ___ | ___

7 · __ = ___
__ · 7 = ___
___ : 7 = ___
___ : __ = ___

⑦ 20 − 2 − 2 − 2 − 2 − 2 = ___ 5 · 2 = ___ 20 − 10 = ___
30 − 3 − 3 − 3 − 3 − 3 = ___ 5 · 3 = ___ 30 − 15 = ___
40 − 4 − 4 − 4 − 4 − 4 = ___ 5 · 4 = ___ 40 − 20 = ___
50 − 5 − 5 − 5 − 5 − 5 = ___ 5 · 5 = ___ 50 − 25 = ___

⑧ 60 − 6 − 6 − 6 − 6 − 6 = ___ 5 · 6 = ___ 60 − 30 = ___
70 − 7 − 7 − 7 − 7 − 7 = ___ 5 · 7 = ___ 70 − 35 = ___
80 − 8 − 8 − 8 − 8 − 8 = ___ 5 · 8 = ___ 80 − 40 = ___
90 − 9 − 9 − 9 − 9 − 9 = ___ 5 · 9 = ___ 90 − ___ = ___
___________ = ___ ______ = ___ ________ = ___

① 2 · 2 = ___
2 · 4 = ___
2 · 6 = ___

② 3 · 2 = ___
3 · 4 = ___
3 · 6 = ___

③ 4 · 2 = ___
4 · 4 = ___
4 · 6 = ___

④ 1 · 5 = ___
1 · 4 = ___
1 · 9 = ___

⑤ 4 · 5 = ___
4 · 4 = ___
4 · 9 = ___

⑥ 9 · 5 = ___
9 · 4 = ___
9 · 9 = ___

⑦ 7 · 3 = ___ 6 · 3 = ___ 5 · 3 = ___ 8 · 3 = ___
7 · 6 = ___ 6 · 6 = ___ 5 · 6 = ___ 8 · 6 = ___
7 · 9 = ___ 6 · 9 = ___ 5 · 9 = ___ 8 · 9 = ___

⑧ 42 : 6 = ___ 18 : 3 = ___ 24 : 8 = ___ 56 : 8 = ___
7 · 6 = ___ 6 · 3 = ___ 3 · 8 = ___ 7 · 8 = ___

⑨ 54 : 9 = ___ 28 : 7 = ___ 49 : 7 = ___ 63 : 9 = ___
6 · 9 = ___ 4 · 7 = ___ __ · __ = ___ __ · 9 = ___

⑩

+	12	24	36	48
6				
12				

⑪

+		12		24
8			24	
16	18			

⑫

·	8	4	7	9
4				
8				

⑬

·	3			
5			40	0
9		54		

1. $2 \cdot 3 =$ ___
   $4 \cdot 3 =$ ___
   $6 \cdot 3 =$ ___
   $8 \cdot 3 =$ ___
   $10 \cdot 3 =$ ___

2. $2 \cdot 6 =$ ___
   $4 \cdot 6 =$ ___
   $6 \cdot 6 =$ ___
   $8 \cdot 6 =$ ___
   $10 \cdot 6 =$ ___

3. $2 \cdot 9 =$ ___
   $4 \cdot 9 =$ ___
   $6 \cdot 9 =$ ___
   $8 \cdot 9 =$ ___
   $10 \cdot 9 =$ ___

4. $3 =$ ___ $\cdot 3$
   $9 =$ ___ $\cdot 3$
   $15 =$ ___ $\cdot 3$
   $21 =$ ___ $\cdot 3$
   $27 =$ ___ $\cdot 3$

5. $6 =$ ___ $\cdot 6$
   $18 =$ ___ $\cdot 6$
   $30 =$ ___ $\cdot 6$
   $42 =$ ___ $\cdot 6$
   $54 =$ ___ $\cdot 6$

6. $9 =$ ___ $\cdot 9$
   $27 =$ ___ $\cdot 9$
   $45 =$ ___ $\cdot 9$
   $63 =$ ___ $\cdot 9$
   $81 =$ ___ $\cdot 9$

7. Vergleiche die Superpäckchen Nr. 1, 2 und 3 miteinander. Was fällt dir auf?

8.

·	4	6	8	10
3				
6				

9.

·	3	5	7	9
3				
9				

10.

:	2	3	4	6
24				
36				

11.

:	2	1	3	6
18				
		12		

1 6, 12, 18, 24, ___, ___, ___, ___, 54

2 80, 72, 64, ___, ___, ___, ___, ___, 16

3 90, 87, 84, 81, ___, ___, ___, ___, 66

4 12, 24, 36, ___, ___, ___, ___, ___, ___, 120

5 ___, ___, ___, 100, 125, 150, ___, ___, ___

6 1, 2, 4, 7, 11, ___, ___, ___, ___, ___, ___, ___, 79

7 26 + 17 = ___

25 + 18 = ___

24 + 19 = ___

23 + 20 = ___

22 + 21 = ___

21 + 22 = ___

___ + ___ = ___

8 47 + 12 = ___

47 + 14 = ___

47 + 16 = ___

47 + 18 = ___

47 + 20 = ___

47 + 22 = ___

47 + ___ = ___

9 1 + 2 = ___

2 + 3 = ___

3 + 4 = ___

4 + 5 = ___

5 + 6 = ___

___ + ___ = ___

10 2 + 1 = ___

4 + 3 = ___

6 + 5 = ___

8 + 7 = ___

10 + 9 = ___

___ + ___ = ___

11 1 + 17 = ___

2 + 16 = ___

3 + 15 = ___

4 + 14 = ___

___ + ___ = ___

___ + ___ = ___

① 5 + 8 = ___
9 + 6 = ___
3 + 9 = ___
8 + 7 = ___

② 14 − 8 = ___
11 − 5 = ___
15 − 6 = ___
13 − 9 = ___

③ 30 + 60 = ___
40 + 20 = ___
50 + 40 = ___
10 + 30 = ___

4, 6, 6, 9, 12, 13, 14, 15, 15, 40, 60, 90, 90

④ 47 + 18 = ___
53 + 29 = ___
35 + 38 = ___
17 + 17 = ___

⑤ 83 − 14 = ___
75 − 35 = ___
62 − 48 = ___
90 − 35 = ___

⑥ 100 − 75 = ___
100 − 55 = ___
100 − 25 = ___
100 − 85 = ___

14, 15, 25, 34, 35, 40, 45, 55, 65, 69, 73, 75, 82

⑦ 26 + ___ = 40
57 + ___ = 70
14 + ___ = 30

⑧ 52 − ___ = 40
81 − ___ = 60
95 − ___ = 42

⑨ ___ + 12 = 80
___ + 45 = 90
___ + 52 = 100

12, 13, 14, 16, 21, 45, 46, 48, 53, 68

⑩ Kreuze an was wahr oder falsch ist.

	wahr	falsch
	☒	☐

	wahr	falsch
Meine Mathe-Lehrerin ist älter als ich.	☐	☐
Es regnet bei uns jeden Sonntag.	☐	☐
Der Monat August hat 31 Tage.	☐	☐
Weihnachten haben wir keine Schule.	☐	☐
49 ist eine Quadratzahl.	☐	☐

1 € = 100 ct

① 35 ct + 25 ct = ______

27 ct + 33 ct = ______

42 ct + 18 ct = ______

39 ct + 11 ct = ______

28 ct + 22 ct = ______

② 53 ct + ____ ct = 1 €

41 ct + ____ ct = 1 €

19 ct + ____ ct = 1 €

25 ct + ____ ct = 1 €

63 ct + ____ ct = 1 €

③

35 ct	
9 ct	
17 ct	
26 ct	
31 ct	

④

① $7 \cdot 5 =$ ___
$8 \cdot 9 =$ ___
$3 \cdot 6 =$ ___
$5 \cdot 0 =$ ___
$2 \cdot 6 =$ ___

② $48 : 8 =$ ___
$54 : 6 =$ ___
$72 : 9 =$ ___
$14 : 7 =$ ___
$32 : 8 =$ ___

③ $2 \cdot 5 \cdot 3 =$ ___
$4 \cdot 2 \cdot 5 =$ ___
$5 \cdot 5 \cdot 2 =$ ___
$3 \cdot 3 \cdot 9 =$ ___
$2 \cdot 3 \cdot 7 =$ ___

④ $64 + 12 =$ ___
$51 + 16 =$ ___
$35 + 23 =$ ___
$72 + 16 =$ ___

⑤ $25 + 48 =$ ___
$19 + 35 =$ ___
$47 + 52 =$ ___
$64 + 36 =$ ___

⑥ $3 \cdot 5 + 5 =$ ___
$7 \cdot 6 + 6 =$ ___
$4 \cdot 9 + 9 =$ ___
$9 \cdot 3 + 3 =$ ___

⑦

+	25	50	75	100
14				
19				
25				

⑧

–	14	25	37	50
98				
72				
51				

⑨ 25, 50, 75, 100, ___, ___, ___, ___, 225

⑩ 100, 88, 76, 64, ___, ___, ___, ___, 4

⑪ ___, ___, ___, 72, 81, 90, ___, ___, 117

⑫ 20, 30, 25, 35, 30, ___, ___, ___, ___, 50

⑬ 2, 4, 8, 16, ___, ___, ___, ___, 512

①

100	
75	
	45
21	
39	
	99

②

1 000	
750	
	450
210	
390	
	990

③

550	
200	
	250
80	
	490
110	

④

480	320
440	
400	
360	
320	

⑤

640	
320	
	240
160	
	120
80	

⑥ $3 \cdot 2 =$ ____

$5 \cdot 2 =$ ____

$8 \cdot 2 =$ ____

⑦ $3 \cdot 4 =$ ____

$5 \cdot 4 =$ ____

$8 \cdot 4 =$ ____

⑧ $3 \cdot 8 =$ ____

$5 \cdot 8 =$ ____

$8 \cdot 8 =$ ____

⑨ $4 \cdot 2 =$ ____

$2 \cdot 2 =$ ____

$6 \cdot 2 =$ ____

⑩ $4 \cdot 4 =$ ____

$2 \cdot 4 =$ ____

$6 \cdot 4 =$ ____

⑪ $4 \cdot 8 =$ ____

$2 \cdot 8 =$ ____

$6 \cdot 8 =$ ____

① 18 = 9 · ___

18 = 6 · ___

18 = 2 · ___

18 = 1 · ___

18 = 3 · ___

② 12 = 4 · ___

12 = 6 · ___

12 = 3 · ___

12 = 2 · ___

12 = 1 · ___

③ 15 = __ · 3

15 = __ · 5

15 = __ · 15

④ 14 = __ · ___

14 = __ · ___

14 = __ · ___

⑤ 10 = ___ · __

10 = ___ · __

10 = ___ · __

⑥ 24 = 1 · ___

24 = 2 · ___

24 = 3 · ___

24 = 4 · ___

24 = 6 · ___

24 = 8 · ___

24 = 12 · ___

24 = 24 · ___

⑦ 36 = 1 · ___

36 = 2 · ___

36 = 3 · ___

36 = 4 · ___

36 = 6 · ___

36 = 9 · ___

36 = 12 · ___

36 = 18 · ___

36 = 36 · ___

⑧

·	3	5	8	10
7				
11				

⑨

·	5		7	10
5		15		
		21		

①
8 + ___ = 10
8 + ___ = 20
8 + ___ = 50
13 + ___ = 20
13 + ___ = 30
13 + ___ = 50
25 + ___ = 30
25 + ___ = 50

②
80 + ___ = 100
80 + ___ = 200
80 + ___ = 500
130 + ___ = 200
130 + ___ = 300
130 + ___ = 500
250 + ___ = 300
250 + ___ = 500

③

Vorgänger	Zahl	Nachfolger
109	110	111
	324	
	449	
	800	

④

Vorgänger	Zahl	Nachfolger
	999	
		741
	1	
	1 001	

⑤
100 − ___ = 80
200 − ___ = 180
300 − ___ = 280
400 − ___ = ___
500 − ___ = ___
600 − ___ = ___
700 − ___ = ___

⑥
1 000 − 100 = ___
1 000 − 200 = ___
1 000 − 500 = ___
1 000 − 250 = ___
1 000 − 750 = ___
1 000 − 1 000 = ___
1 000 − 0 = ___

① 17 + 5 = ___
28 + 6 = ___
39 + 7 = ___
50 + 8 = ___
61 + 9 = ___

② 64 + 18 = ___
54 + 28 = ___
44 + 38 = ___
34 + 48 = ___
24 + 58 = ___

③ 23 + 32 = ___
34 + 43 = ___
45 + 54 = ___
56 + 65 = ___
67 + 76 = ___

④ 1 + 3 = ___
4 + 5 = ___
9 + 7 = ___
16 + 9 = ___
25 + 11 = ___

⑤ 36 + 13 = ___
49 + 15 = ___
64 + 17 = ___
81 + 19 = ___
100 + 21 = ___

⑥ 121 + 23 = ___
144 + 25 = ___
169 + 27 = ___
196 + 29 = ___
225 + 31 = ___

⑦ 1 + 3 = ___
1 + 3 + 5 = ___
1 + 3 + 5 + 7 = ___
1 + 3 + 5 + 7 + 9 = ___
1 + 3 + 5 + 7 + 9 + 11 = ___

Kennst du diese Zahlen
1, 4, 9, 16, 25, 36, 49, 64, 81, 100, … ?
Sie heißen Quadratzahlen.

⑧ 1 · 1 = ___
2 · 2 = ___
3 · 3 = ___
4 · 4 = ___
5 · 5 = ___

⑨ 6 · 6 = ___
7 · 7 = ___
8 · 8 = ___
9 · 9 = ___
10 · 10 = ___

1. 27 : 3 = ___
   42 : 6 = ___
   45 : 9 = ___
   14 : 2 = ___
   28 : 4 = ___
   24 : 8 = ___
   36 : 6 = ___
   36 : 9 = ___
   32 : 8 = ___
   24 : 6 = ___

2. 15 : 3 = ___
   54 : 6 = ___
   81 : 9 = ___
   18 : 2 = ___
   32 : 4 = ___
   48 : 8 = ___
   18 : 6 = ___
   54 : 9 = ___
   40 : 8 = ___
   12 : 6 = ___

3. 24 : ___ = 8
   36 : ___ = 4
   18 : ___ = 6
   32 : ___ = 8
   28 : ___ = 4

4. 30 : 6 = ___
   34 : 6 = ___ R ___
   35 : 6 = ___ R ___

5. 12 : 3 = ___
   13 : 3 = ___ R ___
   14 : 3 = ___ R ___

6. 15 : 5 = ___
   18 : 5 = ___ R ___
   19 : 5 = ___ R ___

7. 18 : 9 = ___
   20 : 9 = ___ R ___
   22 : 9 = ___ R ___

8. 24 : 8 = ___
   27 : 8 = ___ R ___
   28 : 8 = ___ R ___

9. 35 : 7 = ___
   38 : 7 = ___ R ___
   39 : 7 = ___ R ___

10. 25 : 5 = ___
    27 : 5 = ___ R ___
    ___ : 5 = 5 R 4

11. 42 : 6 = ___
    45 : 6 = ___ R ___
    ___ : 6 = 7 R 5

12. 54 : 9 = ___
    56 : 9 = ___ R ___
    ___ : 9 = 6 R 6

① $2 \cdot 3 =$ ___
$2 \cdot 9 =$ ___
$4 \cdot 6 =$ ___
$4 \cdot 9 =$ ___

② $7 \cdot 3 =$ ___
$7 \cdot 6 =$ ___
$9 \cdot 4 =$ ___
$9 \cdot 8 =$ ___

③ $6 \cdot 4 =$ ___
$6 \cdot 8 =$ ___
$8 \cdot 4 =$ ___
$8 \cdot 8 =$ ___

6, 18, 21, 24, 24, 32, 36, 36, 40, 42, 48, 64, 72

④ $11 \cdot 4 =$ ___
$7 \cdot 15 =$ ___
$19 \cdot 5 =$ ___
$9 \cdot 12 =$ ___

⑤ $30 \cdot 5 =$ ___
$70 \cdot 4 =$ ___
$6 \cdot 80 =$ ___
$5 \cdot 90 =$ ___

⑥ $7 \cdot$ ___ $= 63$
___ $\cdot 8 = 32$
$6 \cdot$ ___ $= 42$
___ $\cdot 5 = 45$

4, 7, 9, 9, 44, 95, 105, 108, 115, 150, 280, 450, 480

⑦ $42 : 6 =$ ___
$63 : 7 =$ ___
$81 : 9 =$ ___
$64 : 8 =$ ___

⑧ $25 : 6 =$ ___ R ___
$38 : 4 =$ ___ R ___
$46 : 8 =$ ___ R ___
$55 : 6 =$ ___ R ___

⑨ $120 : 2 =$ ___
$150 : 3 =$ ___
$160 : 4 =$ ___
$180 : 9 =$ ___

4 R 1, 5 R 6, 7, 8, 9, 9, 9 R 1, 9 R 2, 20, 30, 40, 50, 60

⑩ Kreuze alle Aussagen an, die wahr sind.

25

- ☐ ist eine gerade Zahl
- ☐ ist teilbar durch 5
- ☐ ist eine Quadratzahl
- ☐ ist größer als $3 \cdot 9$
- ☐ ist kleiner als $5 \cdot 6$

ich bin

- ☐ 8 Jahre alt
- ☐ ein Mädchen
- ☐ älter als meine Mutter
- ☐ ein Schulkind
- ☐ 9 Jahre alt

	2	5	7	12	19
			(2 + 5)	(5 + 7)	(7 + 12)
①	5	5			
②	6	6			
③	8		12		
④	4		12		
⑤	10	10			
⑥	9	11			
⑦					
⑧					

⑨ $3 \cdot 5 =$ ____
$5 \cdot 5 =$ ____
$7 \cdot 5 =$ ____
$9 \cdot 5 =$ ____

⑩ $3 \cdot 10 =$ ____
$5 \cdot 10 =$ ____
$7 \cdot 10 =$ ____
$9 \cdot 10 =$ ____

⑪ $3 \cdot 15 =$ ____
$5 \cdot 15 =$ ____
$7 \cdot 15 =$ ____
$9 \cdot 15 =$ ____

⑫ 73 : 10 = __ R __
81 : 10 = __ R __
45 : 10 = __ R __
____ : 10 = 4 R 3
____ : 10 = 1 R 1
____ : 10 = 5 R 5

⑬ 14 : 3 = __ R __
13 : 3 = __ R __
11 : 3 = __ R __
____ : 3 = 9 R 2
____ : 3 = 0 R 2
____ : 3 = 1 R 2

⑭ 63 : 9 = __
45 : 5 = __
____ : 5 = 7
____ : 8 = 6
____ : 5 = 0
____ : 8 = 1

① 3 8 24

3 · 8 = ___

8 · 3 = ___

24 : 3 = ___

24 : 8 = ___

② 6 7 42

6 · 7 = ___

7 · 6 = ___

42 : 6 = ___

42 : 7 = ___

③ 5 7 ___

5 · 7 = ___

7 · 5 = ___

___ : 5 = ___

___ : 7 = ___

④ ___ 6 54

__ · 6 = 54

__ · __ = ___

___ : __ = ___

54 : __ = ___

⑤ 7 ___ 28

__ · __ = ___

__ · __ = ___

___ : __ = ___

___ : __ = ___

⑥ ___ ___ 36

__ · __ = ___

__ · __ = ___

___ : __ = ___

___ : __ = ___

⑦ 25 →(+25) ___ →(+25) ___ →(+25) ___ →(+25) ___ →(+25) ___

⑧ 200 →(−20) ___ →(−20) ___ →(−20) ___ →(−20) ___ →(−20) ___

⑨ 150 →(−25) ___ →(−25) ___ → 125 → 150 → 125

⑩ 15 →(+15) ___ →(+17) ___ → 60 →(+11) ___ → 80

⑪ 100 →(−45) ___ →(−15) ___ →(+35) ___ →(−25) ___ → 100

⑫ 35 →(+35) ___ →(−25) ___ →(−25) ___ →(+35) ___ →(+45) ___

① 425 + 50 = ______
375 + 50 = ______
635 + 50 = ______
695 + 50 = ______

② 785 – 40 = ______
470 – 35 = ______
235 – 25 = ______
945 – 15 = ______

③ 4 · 4 = ______
4 · 40 = ______
3 · 6 = ______
3 · 60 = ______

④ 6 · 8 = ______
6 · 80 = ______
4 · 9 = ______
4 · 90 = ______

⑤ 7 · 5 = ______
7 · 50 = ______
4 · 8 = ______
4 · 80 = ______

⑥ ____ · 2 = 180
70 · __ = 280

⑦ 36 = ____ · ____
360 = ____ · ____

⑧ 50 = ____ · ____
500 = ____ · ____

⑨ 450 : 9 = ____
450 : 50 = ____

⑩ 540 : 6 = ____
540 : 90 = ____

⑪ 320 : 8 = ____
320 : 40 = ____

⑫

500	
140	
250	
	380
	480

⑬

900	
450	
630	
	720
	810
360	

⑭

1 000	
300	
	400
250	
	550
	950

① 14 + ___ = 30
37 + ___ = 70
45 + ___ = 100
81 + ___ = 150
75 + ___ = 350

② 500 − ___ = 125
750 − ___ = 475
320 − ___ = 80
1 000 − ___ = 245
1 000 − ___ = 501

③ 18 = 3 · ___
18 = ___ · ___
18 = ___ · ___
18 = ___ · ___
18 = ___ · ___

④ 25 = ___ · ___
25 = ___ · ___
25 = ___ · ___

⑤ 36 = ___ · ___
36 = ___ · ___
36 = ___ · ___
36 = ___ · ___
36 = ___ · ___

⑥ 37 : 5 = ___ R ___
75 : 8 = ___ R ___
56 : 6 = ___ R ___
48 : 9 = ___ R ___

⑦ 28 : 3 = ___ R ___
51 : 7 = ___ R ___
35 : 8 = ___ R ___
53 : 8 = ___ R ___

⑧ 39 : ___ = 9 R 3
___ : 6 = 7 R 3
___ : ___ = ___ R ___
___ : ___ = ___ R ___

⑨

·	3	5	8	10
8				
12				

⑩

·		6	11	12
		24		
6	30			

⑪

:	3	6	8	12
24				
48				

⑫

:		3		12
12	6			
36			9	

1 m = 100 cm

① 4 m = ___ cm
2 m = ___ cm
10 m = ___ cm
7 m = ___ cm
9 m = ___ cm

② 2 m + 75 cm = ___ cm
5 m + 25 cm = ___ cm
6 m + 3 cm = ___ cm
4 m + 50 cm = ___ cm
9 m + 1 cm = ___ cm

③ 25 cm + ___ cm = 1 m
51 cm + ___ cm = 1 m
8 cm + ___ cm = 1 m
85 cm + ___ cm = 1 m
67 cm + ___ cm = 1 m

④ 75 cm + ___ cm = 2 m
50 cm + ___ cm = 3 m
125 cm + ___ cm = 4 m
350 cm + ___ cm = 7 m
490 cm + ___ cm = 10 m

⑤ 80 cm + 12 cm + ___ cm = 1 m
44 cm + ___ cm + 36 cm = 1 m
27 cm + ___ cm + 51 cm = 1 m
___ cm + 25 cm + 26 cm = 1 m

⑥ $3 \cdot 5$ m = ___ m
$7 \cdot 4$ m = ___ m
$8 \cdot 2$ m = ___ m
$0 \cdot 6$ m = ___ m

Wie lang ist der Streckenzug?

⑦
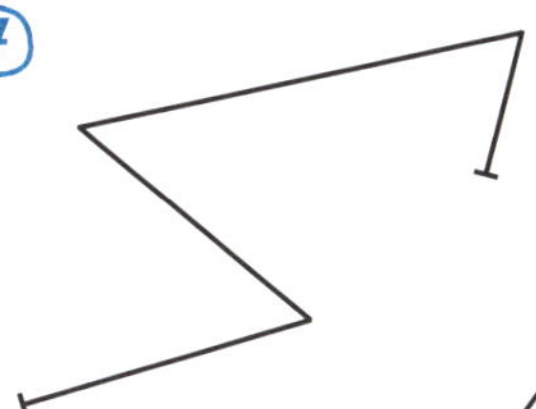
___ cm

⑧
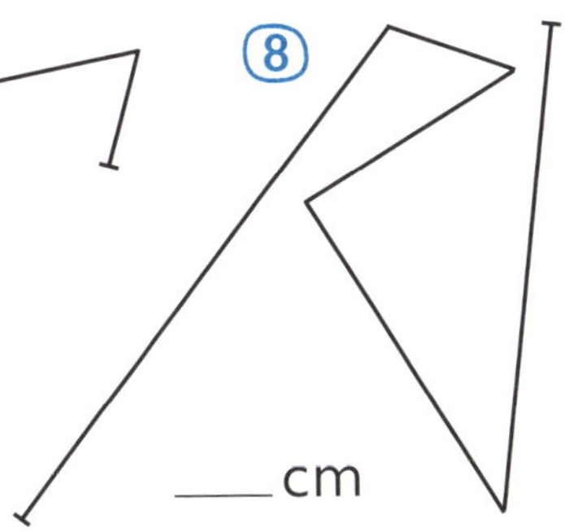
___ cm

⑨
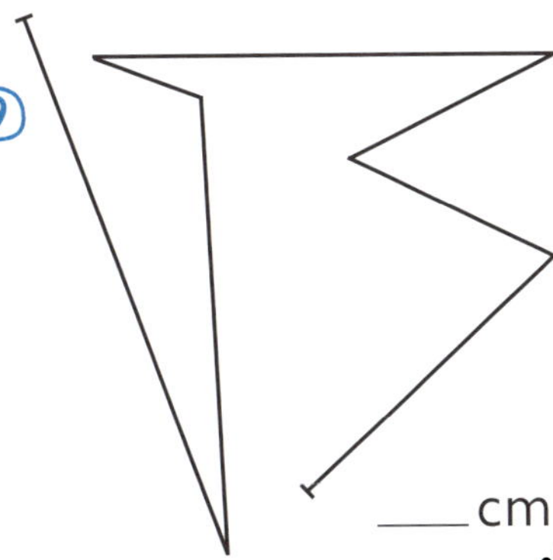
___ cm

① 25, 50, 75, ___, ___, ___, ___, 200

② 1 000, 875, 750, ___, ___, ___, ___, 125

③ 88, 78, 98, 88, ___, ___, ___, ___, 128

④ 2, 4, 8, 16, ___, ___, ___, ___, 512

⑤ 5, 10, 7, 14, ___, ___, ___, ___, ___, 70

⑥ ___, ___, ___, ___, ___, ___, ___, ___, ___, ___

⑦
24 · 2 = ___
35 · 2 = ___
18 · 2 = ___
75 · 2 = ___
83 · 2 = ___

⑧
2 · 27 = ___
2 · 49 = ___
2 · 73 = ___
2 · 91 = ___
2 · 66 = ___

⑨
88 : 2 = ___
90 : 2 = ___
150 : 2 = ___
50 : 2 = ___
114 : 2 = ___

⑩
5 = 5 · ___
6 = 1 · ___
0 = 3 · ___
___ = 0 · ___
9 = ___ · ___

⑪
14 = 2 · ___
18 = ___ · 6
32 = ___ · 4
12 = ___ · ___
1 = ___ · ___

⑫
2 · 3 = 1 · ___
4 · ___ = 2 · 6
___ · 9 = 6 · 3
4 · 5 = ___ · 2
2 · 8 = ___ · 4

⑬
3 · ___ = 6 · ___
4 · ___ = 8 · ___
5 · ___ = 10 · ___

⑭
1 · ___ = 0 · ___
0 · ___ = ___ · 4
2 · ___ = 1 · ___

① 43 + 34 = ___
51 + 15 = ___
21 + 12 = ___
18 + 81 = ___
62 + 26 = ___
___ + ___ = ___

② 17 + 18 = ___
25 + 26 = ___
36 + 37 = ___
42 + 43 = ___
19 + 20 = ___
___ + ___ = ___

③ 28 + 17 + 32 = ___
14 + 45 + 35 = ___
53 + 19 + 27 = ___
38 + 12 + 35 = ___
14 + 47 + 36 = ___

④ 54 + 36 + 18 = ___
27 + 32 + 58 = ___
31 + 66 + 29 = ___
75 + 75 + 25 = ___
17 + 17 + 83 = ___

⑤ 14 + 14 + 14 = ___
32 + 32 + 32 = ___
28 + 28 + 28 = ___
19 + 19 + 19 = ___
33 + 33 + 33 = ___

⑥ 44 + 33 + ___ = 100
52 + ___ + 17 = 100
___ + 25 + 38 = 100
25 + 72 + ___ = 100
34 + ___ + 57 = 100

⑦

·	8	5	9
7			
40			
9			
60			

⑧

:	3	2	6	4
24				
36				
300				
120				

① 74 + 74 = ____
47 + 47 = ____
89 + 89 = ____
98 + 98 = ____

② 115 + 115 = ____
225 + 225 = ____
175 + 175 = ____
113 + 113 = ____

③ 7 · 8 = ____
5 · 9 = ____
9 · 6 = ____
8 · 4 = ____

32, 45, 54, 56, 94, 148, 158, 178, 196, 226, 230, 350, 450

④ 138 – 42 = ____
165 – 68 = ____
154 – 55 = ____
173 – 75 = ____

⑤ 138 + ____ = 200
165 + ____ = 200
254 + ____ = 300
273 + ____ = 300

⑥ 11 · 3 = ____
13 · 3 = ____
12 · 4 = ____
16 · 4 = ____

27, 33, 35, 39, 46, 48, 54, 62, 64, 96, 97, 98, 99

⑦ 60 · 6 = ____
40 · 8 = ____
7 · 70 = ____
5 · 50 = ____

⑧ 240 : 6 = ____
240 : 80 = ____
360 : 90 = ____
360 : 60 = ____

⑨ 5 · 8 + ____ = 100
7 · 6 + ____ = 100
4 · 7 + ____ = 100
8 · 9 + ____ = 100

3, 4, 6, 28, 40, 58, 60, 72, 81, 250, 320, 360, 490

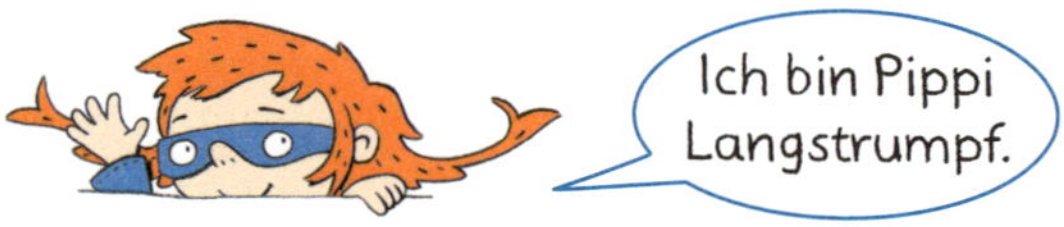

	wahr	falsch
Ich bin Pippi Langstrumpf.	☐	☒

⑩ Kreuze an was wahr oder falsch ist.

	wahr	falsch
100 ist eine gerade Zahl.	☐	☐
Jede Zahl ist durch 2 teilbar.	☐	☐
Ich bin in der 3. Klasse.	☐	☐
Es gibt 99 zweistellige Zahlen.	☐	☐
Ich habe im September Geburtstag.	☐	☐

1
48 – 24 = ____
63 – 31 = ____
59 – 42 = ____
74 – 51 = ____
89 – 67 = ____

2
63 – 15 = ____
83 – 35 = ____
71 – 18 = ____
91 – 38 = ____
55 – 27 = ____

3
154 – 33 = ____
268 – 26 = ____
450 – 34 = ____
669 – 23 = ____
775 – 25 = ____

4
58 – 18 – 22 = ____
69 – 17 – 19 = ____
86 – 21 – 36 = ____
75 – 20 – 25 = ____
98 – 38 – 24 = ____

5
100 – 25 – 15 = ____
100 – 47 – 13 = ____
100 – 18 – 22 = ____
100 – 75 – 15 = ____
100 – 33 – 27 = ____

Nr.					
6	15	35	50		
7	35	15			
8		15	35		
9	35		35		
10		35	35		
16					

Nr.					
11		17	38		
12	17		38		
13		17		38	
14			43		105
15		24	43		
17					

① 8 + 5 + 2 = ____

7 + 6 + 3 = ____

4 + 6 + 9 = ____

5 + 8 + 5 = ____

7 + 8 + 3 = ____

② 25 + 25 + 25 = ____

22 + 35 + 28 = ____

35 + 15 + 43 = ____

19 + 28 + 31 = ____

27 + 34 + 26 = ____

③ 14 + 12 + 26 = ______

36 + 24 + 29 = ______

41 + 84 + 39 = ______

35 + 47 + 35 = ______

53 + 57 + 26 = ______

34 + 57 + 36 = ______

④ 14 + 17 + 26 + 43 = ______

9 + 23 + 17 + 31 = ______

15 + 19 + 15 + 41 = ______

25 + 24 + 25 + 16 = ______

18 + 22 + 18 + 32 = ______

13 + 17 + 17 + 13 = ______

⑤

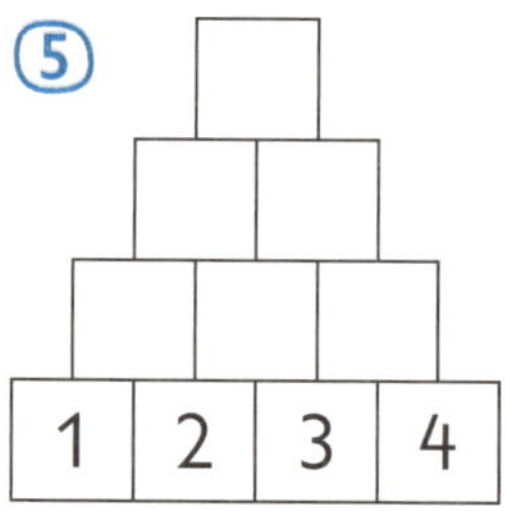

⑥

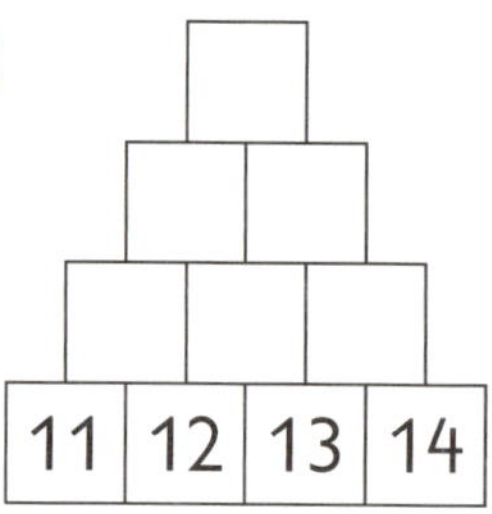

⑦

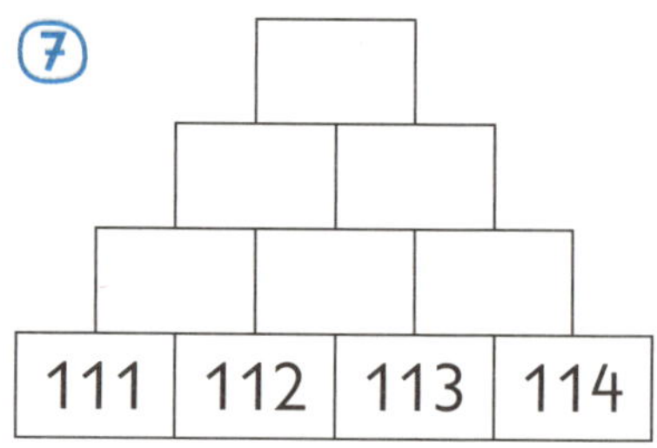

⑧

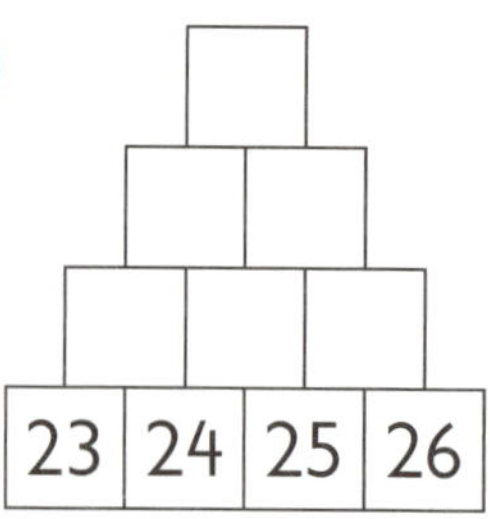

⑨

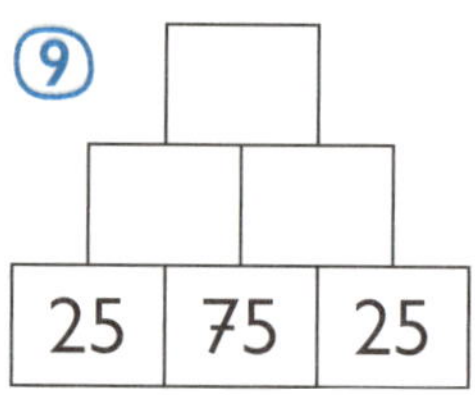

⑩

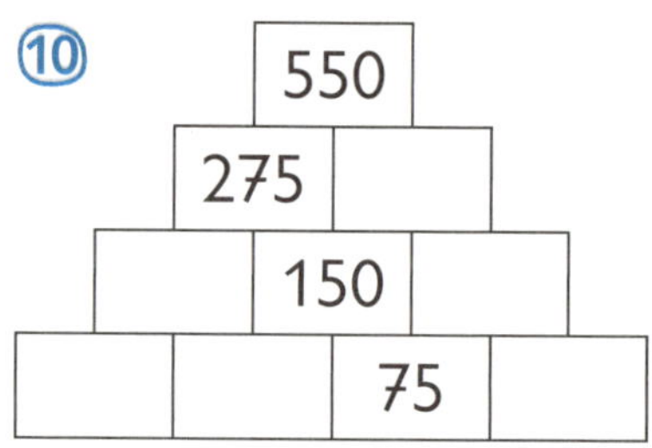

① 120 : 6 = ___

120 : 60 = ___

180 : 9 = ___

180 : 90 = ___

250 : 5 = ___

250 : 50 = ___

② 540 : 90 = ___

540 : 9 = ___

810 : 9 = ___

810 : 90 = ___

450 : 50 = ___

450 : 5 = ___

③ 330 : 80 = 4 R 10

500 : 70 = __ R ___

230 : 30 = __ R ___

280 : 50 = __ R ___

300 : 40 = __ R ___

880 : 90 = __ R ___

④ 490 : ___ = 6 R 10

360 : ___ = 7 R 10

220 : ___ = 4 R 20

100 : ___ = 3 R 10

200 : ___ = 3 R 20

170 : ___ = 8 R 10

⑤

·			
	6	12	18
	14	28	42

⑥

:	2	6	20	60
120				
360				

⑦

+		50	
	100		
		175	250
150	175		

⑧

–	25	50	75	100
100				
225				
300				

① $2 \cdot 8 =$ ___
$4 \cdot 8 =$ ___
$6 \cdot 8 =$ ___
$8 \cdot 8 =$ ___
$10 \cdot 8 =$ ___

② $2 \cdot 4 =$ ___
$4 \cdot 4 =$ ___
$6 \cdot 4 =$ ___
$8 \cdot 4 =$ ___
$10 \cdot 4 =$ ___

③ $2 \cdot 6 =$ ___
$4 \cdot 6 =$ ___
$6 \cdot 6 =$ ___
$8 \cdot 6 =$ ___
$10 \cdot 6 =$ ___

④ $2 \cdot 5 =$ ___
$4 \cdot 5 =$ ___
$6 \cdot 5 =$ ___
$8 \cdot 5 =$ ___
$10 \cdot 5 =$ ___

⑤ $2 \cdot 11 =$ ___
$4 \cdot 11 =$ ___
$6 \cdot 11 =$ ___
$8 \cdot 11 =$ ___
$10 \cdot 11 =$ ___

⑥ 45 —(+40)→ ☐ —(+45)→ ☐ —(+40)→ ☐ —(+45)→ ☐

⑦ 100 —(+75)→ ☐ —(+125)→ ☐ —(+150)→ ☐ —(+175)→ ☐

⑧ 500 —(+125)→ ☐ —(+125)→ ☐ —(+175)→ ☐ —(+75)→ ☐

⑨ 225 —(+48)→ ☐ —(+52)→ ☐ —(+48)→ ☐ —(+52)→ ☐

⑩ 500 —(−175)→ ☐ —(+150)→ ☐ —(−175)→ ☐ —(+150)→ ☐

⑪ 1 000 —(−125)→ ☐ —(+25)→ ☐ —(−125)→ ☐ —(+25)→ ☐

1. 80 – 14 = ____
   80 – 24 = ____
   90 – 34 = ____
   90 – 44 = ____

2. 60 – 17 = ____
   60 – 27 = ____
   70 – 37 = ____
   70 – 47 = ____

3. 100 – 25 = ____
   100 – 35 = ____
   200 – 65 = ____
   200 – 95 = ____

4. 350 + ____ = 400
   350 + ____ = 500
   220 + ____ = 300
   225 + ____ = 300
   275 + ____ = 400
   550 + ____ = 600
   575 + ____ = 700

5. 400 + ____ = 1 000
   450 + ____ = 1 000
   520 + ____ = 1 000
   890 + ____ = 1 000
   925 + ____ = 1 000
   875 + ____ = 1 000
   150 + ____ = 1 000

6.

Doppelte					
Zahl	320	150	250	170	125
Dreifache	960				

7.

Zahl	100	50	1 000	500	250
Hälfte					

8.

Zahl	40	100	200	800	1 000
Viertel					

① 1 m = ____ cm

4 m = ____ cm

7 m = ____ cm

__ m = 500 cm

__ m = 600 cm

② 3 m + 21 cm = ____ cm

6 m + 55 cm = ____ cm

4 m + 125 cm = ____ cm

1 m + 1 cm = ____ cm

2 m + 22 cm = ____ cm

③ 75 cm + ____ cm = 1 m

43 cm + ____ cm = 1 m

21 cm + ____ cm = 1 m

89 cm + ____ cm = 1 m

62 cm + ____ cm = 1 m

④ 175 cm + ____ cm = 3 m

445 cm + ____ cm = 8 m

122 cm + ____ cm = 2 m

702 cm + ____ cm = 8 m

15 cm + ____ cm = 2 m

⑤ $3 \cdot 8 +$ ____ $= 50$

$7 \cdot 5 +$ ____ $= 60$

$4 \cdot 9 +$ ____ $= 50$

$2 \cdot 7 +$ ____ $= 80$

$8 \cdot 8 +$ ____ $= 80$

⑥ 420 : 80 = __ R ____

640 : 90 = __ R ____

550 : 60 = __ R ____

290 : 50 = __ R ____

300 : 70 = __ R ____

⑦

888	
222	
545	
	618
424	

⑧

235	409
15	
	195
508	

⑨

1 000	
325	
	175
250	
	825

① 5 · 8 = ___

6 · 5 = ___

7 · 8 = ___

4 · 7 = ___

9 · 6 = ___

② 4 · ___ = 36

___ · 5 = 45

7 · ___ = 42

___ · 3 = 18

9 · ___ = 45

③ 2 · 4 = ___

4 · 4 = ___

6 · 4 = ___

8 · 4 = ___

④ 2 · 6 = ___

4 · 6 = ___

6 · 6 = ___

8 · 6 = ___

⑤ 2 · 8 = ___

4 · 8 = ___

6 · 8 = ___

8 · 8 = ___

⑥ 12 : ___ = 6

24 : ___ = 12

36 : ___ = 18

48 : ___ = 24

⑦ 12 : 4 = ___

24 : 4 = ___

36 : 4 = ___

48 : 4 = ___

⑧ 50 : 2 = ___

84 : 2 = ___

68 : 2 = ___

30 : 2 = ___

⑨

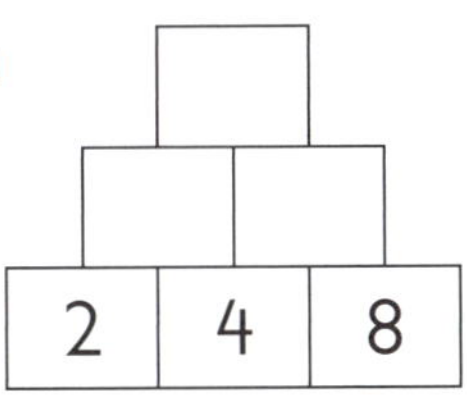

⑩

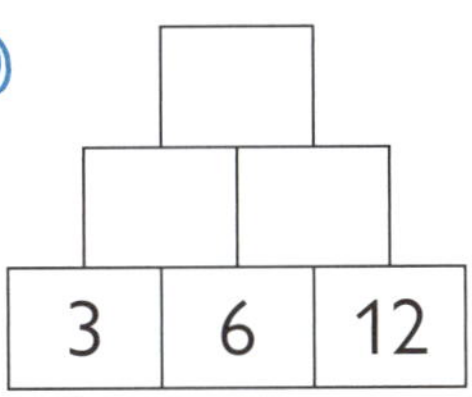

⑪

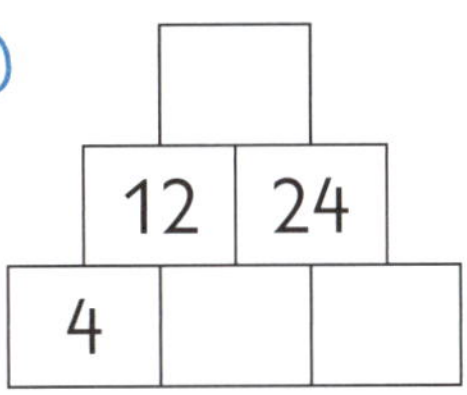

⑫

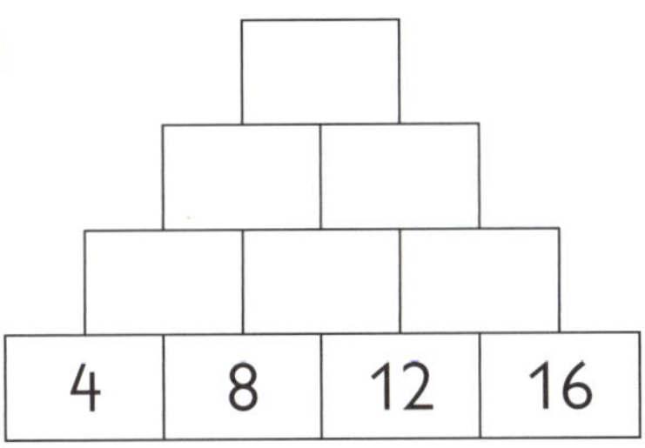

⑬

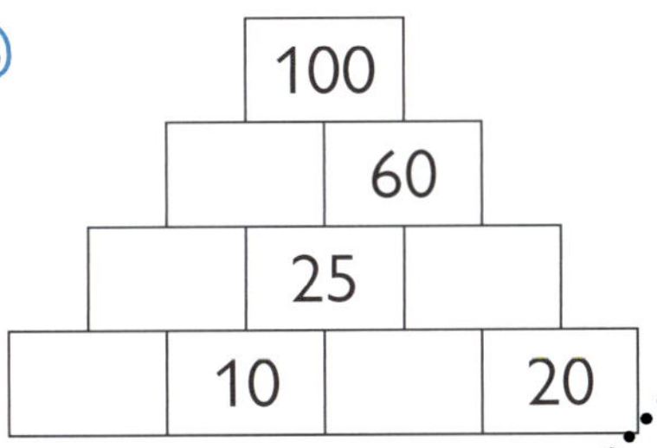

① $4 \cdot 4 \cdot 2 =$ ___
$3 \cdot 3 \cdot 4 =$ ___
$2 \cdot 5 \cdot 10 =$ ___
$2 \cdot 2 \cdot 9 =$ ___
$5 \cdot 6 \cdot 3 =$ ___

② $22 \cdot 2 =$ ___
$44 \cdot 2 =$ ___
$23 \cdot 3 =$ ___
$46 \cdot 2 =$ ___
$48 \cdot 2 =$ ___

③ $8 \cdot 5 - 8 =$ ___
$9 \cdot 6 - 9 =$ ___
$7 \cdot 7 - 7 =$ ___
$6 \cdot 8 - 6 =$ ___
$7 \cdot 9 - 7 =$ ___

32, 32, 36, 36, 42, 42, 44, 45, 46, 56, 69, 88, 90, 92, 96, 100

④ $34 + 17 + 26 + 13 =$ ___
$52 + 13 + 18 + 37 =$ ___
$11 + 48 + 52 + 19 =$ ___
$25 + 26 + 25 + 26 =$ ___
$47 + 53 + 38 + 62 =$ ___

⑤ $88 - 18 - 25 =$ ___
$67 - 25 - 17 =$ ___
$105 - 20 - 15 =$ ___
$122 - 48 - 22 =$ ___
$147 - 50 - 47 =$ ___

25, 35, 45, 50, 52, 70, 90, 102, 120, 130, 200

⑥ $72 : 9 =$ __
$56 : 7 =$ __
$54 : 6 =$ __
$32 : 8 =$ __
$49 : 7 =$ __

⑦ $73 : 9 =$ __ R __
$58 : 7 =$ __ R __
$59 : 6 =$ __ R __
$34 : 8 =$ __ R __
$50 : 7 =$ __ R __

⑧ ___ $: 2 = 5$ R 1
___ $: 3 = 6$ R 1
___ $: 4 = 7$ R 1
___ $: 5 = 8$ R 1
___ $: 6 = 9$ R 1

4, 4 R 2, 7, 7 R 1, 8, 8, 8 R 1, 8 R 2, 9, 9 R 5, 11, 13, 19, 29, 41, 55

⑨ Kreuze alle Aussagen an, die wahr sind.

- ☐ 44 ist eine Quadratzahl.
- ☐ 9 ist ein Teiler von 18.
- ☐ 92 ist das Doppelte von 46.
- ☐ 119 ist eine gerade Zahl.
- ☐ Die Hälfte von 48 ist 16.
- ☐ Der Rest von 18 : 5 ist 2.

①

100	
	32
45	
	14
81	

②

300	
215	
	105
85	
	275

③

	93
132	268
109	
	319

④

750	
498	
	152
655	
	703

⑤

1 000	
	232
345	
	614
581	

⑥ 8, 16, 24, ___, ___, ___, ___, ___, 72

⑦ 17, 22, 27, ___, ___, ___, ___, ___, 57

⑧ 1, 4, 2, 8, 4, ___, ___, ___, ___, 64

⑨ 50, 55, 52, 57, ___, ___, ___, ___, ___, 63

⑩ 3, 9, 6, 18, 15, ___, ___, ___, ___, 369

⑪ 25, 75, 50, 100, ___, ___, ___, ___, 125

⑫ 1, 3, 7, 13, 21, ___, ___, ___, ___, 91

① 5 6 30

5 · 6 = ___

6 · 5 = ___

30 : 5 = ___

30 : 6 = ___

② 6 8 48

6 · 8 = ___

8 · 6 = ___

48 : 6 = ___

48 : 8 = ___

③ 2 12

2 · 12 = ___

12 · 2 = ___

___ : 12 = ___

___ : 2 = ___

④ 2 24

2 · 24 = ___

24 · 2 = ___

48 : ___ = ___

___ : ___ = ___

⑤ 5 12

5 · 12 = ___

12 · ___ = ___

___ : 5 = ___

___ : 12 = ___

⑥ 72

___ · ___ = 72

___ · ___ = ___

72 : ___ = ___

72 : ___ = ___

⑦ 3 75

3 · ___ = 75

___ · 3 = 75

___ : ___ = ___

___ : ___ = ___

⑧ 12 48

___ · 12 = 48

12 · ___ = 48

___ : ___ = ___

___ : ___ = ___

⑨

___ · ___ = ___

___ · ___ = ___

___ : ___ = ___

___ : ___ = ___

⑩

·	3	5	8
		20	
			64
	27		

⑪

:	2	4	6
60			
120			
180			

1 Stunde hat 60 Minuten

1 h = 60 min

① 2 h = _____ min

10 h = _____ min

4 h = _____ min

8 h = _____ min

5 h = _____ min

3 h = _____ min

___ h = _____ min

② 420 min = __ h

360 min = __ h

540 min = __ h

120 min = __ h

60 min = __ h

240 min = __ h

_____ min = __ h

③

Abfahrt	7.15 Uhr	7.25 Uhr	7.35 Uhr	7.45 Uhr
Ankunft	7.30 Uhr	7.38 Uhr		
Fahrzeit			15 min	20 min

④ 7.30 Uhr —+ 30 min→ [ ] —+ 30 min→ [ ]

⑤ 15.45 Uhr —+ 30 min→ [ ] —+ 30 min→ [ ]

⑥ 9.40 Uhr —+ 25 min→ [ ] —+ 25 min→ [ ]

⑦ 8.15 Uhr —+ 45 min→ [ ] —+ 45 min→ [ ]

⑧ [ ] —+ 45 min→ [ ] —+ 45 min→ 13.30 Uhr

① 8 + 7 = ___
18 + 27 = ___
218 + 427 = ___

② 5 + 6 = ___
45 + 36 = ___
345 + 436 = ___

③ 7 + 9 = ___
57 + 69 = ___
457 + 369 = ___

④ 8 + 5 = ___
88 + 65 = ___
288 + 565 = ___

⑤ 7 + 7 = ___
77 + 77 = ___
477 + 277 = ___

⑥ 9 + 9 = ___
99 + 99 = ___
199 + 699 = ___

⑦ 0 + 8 = ___
40 + 78 = ___
540 + 278 = ___

⑧ 4 + 9 = ___
94 + 19 = ___
294 + 219 = ___

⑨ 6 + ___ = 13
86 + ___ = 173
486 + ___ = 973

⑩ 7 + ___ = 15
37 + ___ = 105
337 + ___ = 405

⑪

100	
42	
	37
11	
	55

⑫

500	
200	
	125
475	
	380

⑬

1 000	
820	
	460
225	
	675

1.
9 − 7 = ___
19 − 17 = ___
319 − 117 = ___

2.
5 − 4 = ___
55 − 34 = ___
655 − 234 = ___

3.
8 − 4 = ___
38 − 14 = ___
538 − 114 = ___

4.
6 − 3 = ___
46 − 23 = ___
846 − 323 = ___

5.
12 − 8 = ___
112 − 38 = ___
412 − 238 = ___

6.
15 − 7 = ___
115 − 47 = ___
515 − 347 = ___

7.
14 − 6 = ___
114 − 66 = ___
914 − 666 = ___

8.
10 − 3 = ___
110 − 53 = ___
810 − 253 = ___

9.
12 − ___ = 5
112 − ___ = 65
412 − ___ = 265

10.
13 − ___ = 6
113 − ___ = 76
613 − ___ = 276

11. 25, 100, 175, ___, ___, ___, ___, ___, 625

12. 525, 475, 425, ___, ___, ___, ___, 175

13. 1 000, 889, 778, ___, ___, ___, ___, 223

14. 5, 10, 20, ___, ___, ___, ___, ___, 1 280

① 370 + 130 = ______
420 + 280 = ______
650 + 350 = ______
120 + 380 = ______

② 630 + 280 = ______
490 + 190 = ______
370 + 270 = ______
190 + 180 = ______

370, 500, 500, 640, 680, 700, 810, 910, 1 000

③ 770 − 270 = ______
820 − 320 = ______
540 − 240 = ______
690 − 190 = ______

④ 530 − 480 = ______
240 − 90 = ______
620 − 280 = ______
910 − 730 = ______

50, 150, 180, 300, 340, 380, 500, 500, 500

⑤ 380 + ______ = 1 000
740 + ______ = 1 000
250 + ______ = 1 000
110 + ______ = 1 000
80 + ______ = 1 000

⑥ 1 000 − ______ = 430
1 000 − ______ = 520
1 000 − ______ = 910
1 000 − ______ = 550
1 000 − ______ = 50

90, 260, 450, 480, 570, 620, 750, 820, 890, 920, 950

⑦ Kreuze an was wahr oder falsch ist.

	wahr	falsch
Die Zahl 23 hat nur 2 Teiler.	☐	☐
Es gibt 90 zweistellige Zahlen.	☐	☐
Die Zahl 4 ist die kleinste Quadratzahl.	☐	☐
Jede Zahl, die durch 4 teilbar ist, kann ich auch durch 2 teilen.	☐	☐

$1\,kg = 1\,000\,g$

$\frac{1}{2}\,kg = 500\,g$

① 545 g + 455 g = __ kg

1 220 g + 780 g = __ kg

750 g + 3 250 g = __ kg

$\frac{1}{2}$ kg + $\frac{1}{2}$ kg = __ kg

$\frac{1}{2}$ kg + ______ = 2 kg

______ g = $\frac{1}{4}$ kg

② 250 g + ______ g = 1 kg

475 g + ______ g = 1 kg

______ g + 330 g = 1 kg

______ g + 972 g = 1 kg

25 g + ______ g = 1 kg

2 075 g + ______ g = 3 kg

③ 1 kg Äpfel kosten 1,25 €.

Gewicht der Äpfel	1 kg	2 kg	3 kg	4 kg	6 kg
Preis	1,25 €	€	€	€	€

④ 2 kg Kartoffeln kosten 3 €.

Gewicht der Kartoffeln	1 kg	3 kg	4 kg	6 kg	$6\frac{1}{2}$ kg
Preis	€	€	€	€	€

① 14 : 2 = ___
28 : 2 = ___
42 : 2 = ___
56 : 2 = ___
70 : 2 = ___
84 : 2 = ___

② 12 : 3 = ___
24 : 3 = ___
36 : 3 = ___
48 : 3 = ___
60 : 3 = ___
72 : 3 = ___

③ 58 : 2 = ___
68 : 2 = ___
78 : 2 = ___
88 : 2 = ___
98 : 2 = ___
108 : 2 = ___

④ 14, 28, 42, ___, ___, ___, ___, ___, 126

⑤ 500, 475, 450, ___, ___, ___, ___, 325

⑥ 100, 110, 105, 115, ___, ___, ___, 125

⑦ 0, 2, 6, 12, 20, ___, ___, ___, ___, 90

⑧ 1, 2, 4, 8, 16, ___, ___, ___, ___, 512

⑨

+	25	75	125
350			
725			
475			

⑩

−	25	75	125
1 000			
550			
325			

⑪

·	5	7	9
40			
90			

⑫

:	4	6	8
240			
480			

① $2 \cdot 3 =$ ____
$4 \cdot 3 =$ ____
$6 \cdot 3 =$ ____
$8 \cdot 3 =$ ____
$10 \cdot 3 =$ ____

② $2 \cdot 4 =$ ____
$4 \cdot 4 =$ ____
$6 \cdot 4 =$ ____
$8 \cdot 4 =$ ____
$10 \cdot 4 =$ ____

③ $2 \cdot 7 =$ ____
$4 \cdot 7 =$ ____
$6 \cdot 7 =$ ____
$8 \cdot 7 =$ ____
$10 \cdot 7 =$ ____

4 Vergleiche die Ergebnisse von Nr. 3 mit denen von Nr. 1 und Nr. 2. Was fällt dir auf?

⑤ $4 \cdot$ ____ $= 16$
$4 \cdot$ ____ $= 32$
$4 \cdot$ ____ $= 48$
$4 \cdot$ ____ $= 64$

⑥ $5 \cdot$ ____ $= 25$
$5 \cdot$ ____ $= 50$
$5 \cdot$ ____ $= 75$
$5 \cdot$ ____ $= 100$

⑦ $6 \cdot$ ____ $= 36$
$6 \cdot$ ____ $= 72$
$6 \cdot$ ____ $= 108$
$6 \cdot$ ____ $= 144$

⑧ $4 \cdot 6 +$ ____ $= 100$
$4 \cdot 12 +$ ____ $= 100$

⑨ $6 \cdot 6 +$ ____ $= 100$
$6 \cdot 12 +$ ____ $= 100$

⑩
[ ]
[ ] [ ]
[21] [21] [21]

⑪
[ ]
[ ] [110]
[55] [ ] [55]

⑫
[ ]
[ ] [ ]
[121] [121] [121]

⑬
[72]
[ ] [36]
[ ] [ ] [ ]
[9] [9] [ ] [9]

⑭
[180]
[72] [ ]
[ ] [45] [ ]
[9] [ ] [ ] [ ]

>, < oder =?

① 14 + 15 ◯ 30
25 + 76 ◯ 100
225 + 80 ◯ 300
349 + 251 ◯ 600
475 + 475 ◯ 900

② 100 ◯ 98 − 13
200 ◯ 315 − 175
400 ◯ 525 − 125
700 ◯ 950 − 249
900 ◯ 998 − 89

③ 4 · 8 ◯ 30
7 · 4 ◯ 30
6 · 5 ◯ 30
___ · 6 > 30
___ · ___ < 30

④ 5 · 9 ◯ 7 · 7
8 · 3 ◯ 6 · 4
6 · 7 ◯ 8 · 5
3 · 4 > 2 · ___
___ · 4 = ___ · 8

⑤ 10 − 4 = ______
100 − 44 = ______
1 000 − 444 = ______

⑥ 10 − 7 = ______
100 − 77 = ______
1 000 − 777 = ______

⑦ 48 : 6 = ___
24 : 6 = ___
12 : 6 = ___

⑧ 72 : 9 = ___
36 : 9 = ___
18 : 9 = ___

⑨ 32 : 4 = ___
16 : 4 = ___
8 : 4 = ___

⑩ 40 : 5 = ___
20 : 5 = ___
10 : 5 = ___

⑪ 64 : 8 = ___
32 : 8 = ___
16 : 8 = ___

⑫ ____ : 7 = ___
____ : 7 = ___
____ : 7 = ___

①

	· 10		: 2	
3	→		→	
6	→		→	
12	→		→	
24	→		→	
48	→		→	
72	→		→	
96	→		→	

②

3	· 5 →	
6	· 5 →	
12	· 5 →	
24	· 5 →	
48	· 5 →	
72	· →	
96	· →	

③

200	
2	
20	
	102
120	

④

400	
4	
	40
104	
	140

⑤

600	

⑥

800	
8	
80	
100	
180	

⑦

900	
	9
90	
	100
190	

⑧

1 000	
1	
10	
100	
111	

① 1,50 € + 1,50 € = ______ €
2,25 € + 2,25 € = ______ €
3,60 € + 3,60 € = ______ €
4,75 € + 4,75 € = ______ €
5,98 € + 5,98 € = ______ €
6,16 € + 6,16 € = ______ €

② 2 · 3,50 € = ______ €
2 · 4,25 € = ______ €
2 · 5,50 € = ______ €
3 · 1,10 € = ______ €
3 · 2,30 € = ______ €
3 · 4,40 € = ______ €

③ 1,75 € + 0,75 € = ______ €
1,75 € + 2,25 € = ______ €
1,75 € + 3,30 € = ______ €
1,75 € + 5,50 € = ______ €
1,75 € + 8,25 € = ______ €
1,75 € + 9,50 € = ______ €

④ 10 € − 1,25 € = ______ €
10 € − 3,75 € = ______ €
10 € − 5,45 € = ______ €
10 € − 8,25 € = ______ €
20 € − 11,20 € = ______ €
20 € − 18,75 € = ______ €

⑤ Lege genau passend mit möglichst wenigen Münzen.

4 ct		2						
59 ct								
95 ct								
1,51 €								
2,99 €								

① 600 : 2 = ____
800 : 2 = ____
400 : 2 = ____
200 : 2 = ____

② 500 : 2 = ____
700 : 2 = ____
900 : 2 = ____
100 : 2 = ____

③

Zahl	250	350	450	360	180	720	420
Hälfte der Zahl							

④ 840 —: 2→ ☐ —: 2→ ☐ —: 2→ ☐

⑤ 960 —: 2→ ☐ —: 2→ ☐ —: 2→ ☐ —: 2→ ☐

⑥ 15 —· 3→ ☐ —· 2→ ☐ —: 3→ ☐ —: 2→ ☐

⑦ 25 —· 3→ ☐ —· 2→ ☐ —: 3→ ☐ —: 2→ ☐

⑧ 30 —· 4→ ☐ —· 2→ ☐ —: 4→ ☐ —: 2→ ☐

⑨ ☐ —· 4→ ☐ —· 2→ ☐ —: 4→ ☐ —: 2→ 25

⑩ 512 —: 2→ ☐ —: 2→ ☐ —: 2→ ☐ —: 2→ ☐

①
90 − 18 = ___
93 − 18 = ___
80 − 37 = ___
83 − 37 = ___
70 − 17 = ___

②
58 − ___ = 25
62 − ___ = 37
81 − ___ = 17
23 − ___ = 12
45 − ___ = 19

③
100 − ___ = 25
200 − ___ = 75
300 − ___ = 150
400 − ___ = 225
500 − ___ = 125

5, 11, 25, 26, 33, 43, 46, 53, 64, 72, 75, 75, 125, 150, 175, 375

④
380 + 140 = ___
290 + 280 = ___
370 + 540 = ___
450 + 490 = ___
640 + 280 = ___

⑤
750 − 250 = ___
880 − 140 = ___
925 − 150 = ___
775 − 200 = ___
625 − 175 = ___

450, 500, 520, 570, 575, 700, 740, 775, 910, 920, 940

⑥
6 · 60 = ___
7 · 90 = ___
80 · 5 = ___
90 · 4 = ___
80 · 9 = ___

⑦
___ · 8 = 480
___ · 5 = 400
6 · ___ = 360
40 · ___ = 280
50 · ___ = 150

⑧
810 : 9 = ___
540 : 60 = ___
210 : 7 = ___
350 : 70 = ___
420 : 60 = ___

3, 5, 7, 7, 9, 30, 60, 60, 70, 80, 90, 360, 360, 400, 630, 720

⑨

	wahr	falsch
Ich bin ein Junge.	☐	☐
9 ist ein Teiler von 27.	☐	☐
289 ist eine gerade Zahl.	☐	☐
Ich kann Fahrrad fahren.	☐	☐

① 7 8 56

7 · 8 = ___

8 · 7 = ___

56 : 7 = ___

56 : 8 = ___

② 30 4 120

___ · ___ = ___

___ · ___ = ___

___ : ___ = ___

___ : ___ = ___

③ 8 9 ___

8 · 9 = ___

___ · ___ = ___

___ : ___ = ___

___ : ___ = ___

④ ___ 6 240

___ · ___ = ___

___ · ___ = ___

___ : ___ = ___

___ : ___ = ___

⑤ 5 ___ 350

___ · ___ = ___

___ · ___ = ___

___ : ___ = ___

___ : ___ = ___

⑥ 9 ___ 54

___ · ___ = ___

___ · ___ = ___

___ : ___ = ___

___ : ___ = ___

⑦ 125 ___ 1 000

___ · ___ = ___

___ · ___ = ___

___ : ___ = ___

___ : ___ = ___

⑧ ___ ___ ___

___ · ___ = ___

___ · ___ = ___

___ : ___ = ___

___ : ___ = ___

⑨ 120, 160, 200, ___, ___, ___, ___, 400

⑩ 620, 560, 500, ___, ___, ___, ___, 200

⑪ 1 000, 875, 750, ___, ___, ___, ___, 125

① 2 · 6 = ___
5 · 6 = ___
8 · 6 = ___
9 · 6 = ___
7 · 6 = ___
0 · 6 = ___
10 · 6 = ___
3 · 6 = ___

② 2 · 3 = ___
5 · 3 = ___
8 · 3 = ___
9 · 3 = ___
7 · 3 = ___
0 · 3 = ___
10 · 3 = ___
3 · 3 = ___

③ 2 · 9 = ___
5 · 9 = ___
8 · 9 = ___
9 · 9 = ___
7 · 9 = ___
0 · 9 = ___
10 · 9 = ___
3 · 9 = ___

④ 2 · 4 = ___
5 · 4 = ___
8 · 4 = ___
9 · 4 = ___
7 · 4 = ___
0 · 4 = ___
10 · 4 = ___
3 · 4 = ___

⑤ 2 · 8 = ___
5 · 8 = ___
8 · 8 = ___
9 · 8 = ___
7 · 8 = ___
0 · 8 = ___
10 · 8 = ___
3 · 8 = ___

⑥ 2 · 12 = ___
5 · 12 = ___
8 · 12 = ___
9 · 12 = ___
7 · 12 = ___
0 · 12 = ___
10 · 12 = ___
3 · 12 = ___

⑦

75	125	200		

⑧

280		420		

⑨

34			34	

① 63 : 7 = ___

35 : 7 = ___

49 : 7 = ___

42 : 7 = ___

21 : 7 = ___

② 36 : 4 = ___

24 : 4 = ___

44 : 4 = ___

0 : 4 = ___

4 : 4 = ___

③ 36 : 8 = ___ R ___

45 : 7 = ___ R ___

87 : 9 = ___ R ___

62 : 8 = ___ R ___

23 : 3 = ___ R ___

___ : 3 = ___ R 2

④ ___ : 4 = 6 R 1

___ : 5 = 3 R 4

___ : 7 = 4 R 2

___ : 6 = 5 R 5

___ : 8 = 3 R 3

___ : 2 = 2 R 1

⑤ 1 kg Tomaten kosten 1,80 €.

Gewicht	1 kg	$\frac{1}{2}$ kg	$\frac{1}{4}$ kg	2 kg	$2\frac{1}{2}$ kg
Preis	1,80 €	€	€	€	€

1 kg = 1 000 g $\frac{1}{2}$ kg = 500 g

⑥ 1 kg Äpfel kosten 2,10 €.

Gewicht	2 kg	500 g			$4\frac{1}{2}$ kg
Preis	€	€	€	€	€

① 45 + 36 = ___
29 + 17 = ___
58 + 39 = ___
67 + 26 = ___
48 + 44 = ___

② 100 − 17 = ___
90 − 28 = ___
70 − 34 = ___
60 − 29 = ___
80 − 53 = ___

③ 45 + ___ = 73
45 + ___ = 54
___ + 27 = 46
___ + 59 = 82
___ + 46 = 95

④ 5 · 7 = ___
8 · 9 = ___
4 · 6 = ___
3 · 8 = ___
5 · 0 = ___

⑤ 56 : 7 = ___
63 : 9 = ___
36 : 4 = ___
42 : 6 = ___
81 : 9 = ___

⑥ 2 · 12 = ___
2 · 24 = ___
2 · 36 = ___
2 · 25 = ___
2 · 75 = ___

⑦ 55 : 9 = ___ R ___
82 : 9 = ___ R ___
37 : 9 = ___ R ___
19 : 9 = ___ R ___
___ : 9 = 0 R 1

⑧ 74 : 8 = ___ R ___
45 : 8 = ___ R ___
28 : 8 = ___ R ___
65 : 8 = ___ R ___
___ : 8 = ___ R 5

⑨

1 000	
750	
	370
545	
	198

⑩

1 000	
15	
	225
212	
	448

⑪

1 000	
175	
	4
309	
	725

1. 23 + ___ + 47 = 100
   15 + 36 + ___ = 100
   ___ + 75 + 22 = 100
   32 + 51 + ___ = 100
   45 + ___ + 45 = 100

2. 100 – 30 – 23 – ___ = 0
   100 – 15 – 49 – ___ = 0
   100 – 75 – 22 – ___ = 0
   100 – 51 – 17 – ___ = 0
   100 – 10 – 45 – ___ = 0

3. 10 – 6 = ___
   50 – 6 = ___
   100 – 6 = ___
   200 – 6 = ___
   1 000 – 6 = ___

4. 20 – 13 = ___
   50 – 13 = ___
   100 – 13 = ___
   200 – 13 = ___
   1 000 – 13 = ___

5. 30 – 25 = ___
   50 – 25 = ___
   100 – 25 = ___
   200 – 25 = ___
   1 000 – 25 = ___

6.
| ___ |
| ___ \| ___ |
| 25 \| 9 \| 16 |

7.
| 108 |
| ___ \| 72 |
| ___ \| ___ \| 48 |

8.
| 550 |
| ___ \| 237 |
| 124 \| ___ \| ___ |

9.
| 250 |
___ | 125
___ | ___ | ___
125 | ___ | ___ | 125

10.
| 100 |
___ | ___
___ | ___ | ___
___ | ___ | ___ | ___

1. 9 4 36

$9 \cdot 4 =$ ___

$4 \cdot 9 =$ ___

$36 : 9 =$ ___

$36 : 4 =$ ___

2. 6 [ ] 48

___ · ___ = 48

___ · ___ = ___

___ : ___ = ___

___ : ___ = ___

3. [ ] [ ] 28

___ · ___ = ___

___ · ___ = ___

___ : ___ = ___

___ : ___ = ___

4. 8 9 [ ]

$8 \cdot 9 =$ ___

___ · ___ = ___

___ : ___ = ___

___ : ___ = ___

5. [ ] 3 45

___ · 3 = 45

___ · ___ = ___

___ : ___ = ___

___ : ___ = ___

6. 4 [ ] 100

4 · ___ = 100

___ · ___ = ___

___ : ___ = ___

___ : ___ = ___

7.

+	120	240	480
60			
120			
240			
480			

8.

·	5	7	9
3			
5			
70			
90			

9.

–	75	99	125
250			
500			
1 000			

10.

:	4	6	8
50	R	R	R
25	R	R	R
10	R	R	R

1. 298 + 253 ◯ 550
   412 + 388 ◯ 800
   523 + 375 ◯ 900
   151 + 248 ◯ 400
   333 + 299 ◯ 630

2. 430 ◯ 653 – 225
   550 ◯ 949 – 400
   375 ◯ 837 – 462
   810 ◯ 952 – 242
   275 ◯ 756 – 479

3. 3 · 9 ◯ 25
   7 · 5 ◯ 45
   8 · 6 ◯ 48
   9 · 6 ◯ 56
   7 · 8 ◯ 54

4. 33 ◯ 8 · 4
   41 ◯ 6 · 7
   72 ◯ 8 · 9
   45 ◯ 9 · 5
   30 ◯ 7 · 4

5. 5 · 8 ◯ 6 · 7
   9 · 6 ◯ 7 · 8
   9 · 4 ◯ 6 · 6
   5 · 5 ◯ 8 · 3
   7 · 4 ◯ 3 · 9

6. 2 →(· 5) ☐ →(· 7) ☐
   2 →(· 4) ☐ →(· 8) ☐
   2 →(· 3) ☐ →(· 5) ☐
   3 →(· 3) ☐ →(· 8) ☐

7. 40 →(: 5) ☐ →(· 8) ☐
   35 →(: 5) ☐ →(· 7) ☐
   25 →(: 5) ☐ →(· 5) ☐
   15 →(: 5) ☐ →(· 3) ☐

8. 9 →(· 5) ☐ →(: 3) ☐ →(· 2) ☐ →(: 6) ☐

9. 0 → 750 → 250 → 750 → 0

①
3 · 5 = ___
30 · 5 = ___
7 · 3 = ___
70 · 3 = ___
4 · 6 = ___
40 · 6 = ___

②
8 · 5 = ___
8 · 50 = ___
9 · 2 = ___
9 · 20 = ___
4 · 7 = ___
4 · 70 = ___

③
2 · 40 = ___
50 · 3 = ___
6 · 90 = ___
7 · 80 = ___
40 · 8 = ___
10 · 0 = ___

④
___ · 4 = 16
___ · 4 = 160
___ · 6 = 24
___ · 6 = 240
___ · 9 = 27
___ · 9 = 270

⑤
2 · 10 = 5 · ___
9 · ___ = 6 · 6
3 · ___ = 4 · 6
5 · ___ = 10 · 4
9 · 2 = ___ · 6
___ · 8 = 0 · 7

⑥
48 : 6 = ___
72 : 8 = ___
54 : 9 = ___
28 : 7 = ___

⑦
450 : 5 = ___
360 : 9 = ___
210 : 3 = ___
240 : 6 = ___

⑧
120 : 40 = ___
280 : 70 = ___
320 : 8 = ___
500 : 10 = ___

⑨

175	
25	
	125
69	

⑩

750	
	350
247	
	489

⑪

1 000	
25	
305	
	517

① 2 m = ______ cm

2,50 m = ______ cm

3,50 m = ______ cm

0,75 m = ______ cm

1,75 m = ______ cm

5 m = ______ cm

1 m = 100 cm

② 150 cm = ______ m

125 cm = ______ m

25 cm = ______ m

400 cm = ______ m

725 cm = ______ m

3 cm = ______ m

Miss die Länge der Streckenzüge.

③

____ cm

④

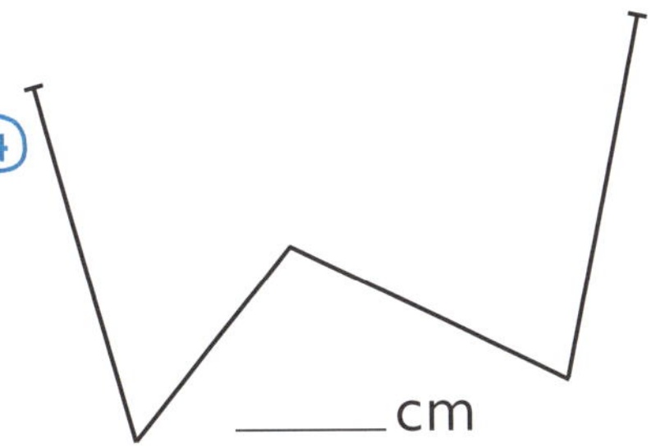

______ cm

1 km = 1 000 m

⑤ 500 m + ______ m = 1 km

375 m + ______ m = 1 km

925 m + ______ m = 1 km

75 m + ______ m = 1 km

⑥ Weg zur Schule

Hinweg	800 m	1,2 km	750 m	
Hin- und Rückweg				4,6 km

① $9 \cdot 6 \cdot 2 =$ ____
$13 \cdot 2 \cdot 2 =$ ____
$11 \cdot 4 \cdot 2 =$ ____
$9 \cdot 2 \cdot 2 =$ ____

② $23 \cdot 4 =$ ____
$46 \cdot 2 =$ ____
$3 \cdot 12 =$ ____
$25 \cdot 4 =$ ____

③ $48 : 8 =$ ____
$48 : 4 =$ ____
$48 : 2 =$ ____
$48 : 1 =$ ____

6, 12, 24, 36, 36, 48, 52, 56, 88, 92, 92, 100, 108

④ $7 \cdot 4 + 4 =$ ____
$9 \cdot 2 + 2 =$ ____
$2 \cdot 8 + 8 =$ ____
$6 \cdot 9 + 9 =$ ____

⑤ $9 \cdot 9 - 9 =$ ____
$6 \cdot 6 - 6 =$ ____
$8 \cdot 8 - 8 =$ ____
$5 \cdot 5 - 5 =$ ____

⑥ $34 : 2 =$ ____
$22 : 2 =$ ____
$56 : 2 =$ ____
$62 : 2 =$ ____

11, 17, 20, 20, 24, 26, 28, 30, 31, 32, 56, 63, 72

⑦ $2 \cdot 500 = 1\,000$
$4 \cdot$ ____ $= 1\,000$
$8 \cdot$ ____ $= 1\,000$
$5 \cdot$ ____ $= 1\,000$
$10 \cdot$ ____ $= 1\,000$

⑧ $1\,000 : 4 =$ ____
$500 : 2 =$ ____
$250 : 2 =$ ____
$750 : 3 =$ ____
$500 : 4 =$ ____

100, 125, 125, 125, 200, 200, 250, 250, 250, 250,

⑨ Kreuze alle Aussagen an, die wahr sind.

- ☐ 50 ist eine Quadratzahl.
- ☐ Es gibt 11 verschiedene Ziffern.
- ☐ Die Zahl 9 hat 4 Teiler.
- ☐ Wenn du eine gerade Zahl durch 2 teilst, bleibt kein Rest.
- ☐ 1 m = 100 km
- ☐ Ich liebe Mathe.
- ☐ 1 km > 100 m
- ☐ Die Erde dreht sich um die Sonne.

① 135 + 19 = ____

248 + 29 = ____

199 + 47 = ____

399 + 54 = ____

175 + 99 = ____

258 + 19 = ____

② 174 + 39 = ____

255 + 49 = ____

733 + 28 = ____

441 + 38 = ____

812 + 59 = ____

144 + 39 = ____

③ 24 + 18 + 36 = ____

37 + 83 + 15 = ____

52 + 64 + 36 = ____

49 + 23 + 51 = ____

78 + 22 + 14 = ____

④ 83 – 14 – 23 = ____

75 – 17 – 25 = ____

52 – 13 – 12 = ____

97 – 42 – 17 = ____

61 – 11 – 14 = ____

⑤ [36] —: 6→ [ ] —· 9→ [ ] —: 2→ [ ] —· 3→ [ ]

⑥ [ ] —: 2→ [ ] —· 5→ [ ] —: 3→ [ ] —· 5→ [100]

⑦ [ ] —· 5→ [ ] —· 3→ [75] —· 2→ [ ] —: 3→ [ ]

⑧ Findest du zwei verschiedene Lösungen?

[500] ——→ [250] ——→ [125] ——→ [25] ——→ [100]

[500] ——→ [250] ——→ [125] ——→ [25] ——→ [100]

1. 11 | 11 | ◯ | ◯ | ◯

2. 12 | 12 | ◯ | ◯ | ◯

3. 13 | 13 | ◯ | ◯ | ◯

4. ◯ | ◯ | 50 | 75 | ◯

5. ◯ | 48 | 72 | ◯ | ◯

6. ◯ | ◯ | 288 | ◯ | ◯

7. ◯ | 57 | ◯ | 114 | ◯

8. ◯ | ◯ | ◯ | ◯ | 100

9. ◯ | ◯ | ◯ | ◯ | 100

10. ◯ | ◯ | ◯ | ◯ | 100

>, < oder =?

11		12		13	
	$9 \cdot 4$ ◯ 40		40 ◯ $5 \cdot 8$		$6 \cdot 8$ ◯ $7 \cdot 7$
	$7 \cdot 9$ ◯ 70		50 ◯ $6 \cdot 9$		$4 \cdot 9$ ◯ $4 \cdot 8$
	$9 \cdot 5$ ◯ 40		60 ◯ $5 \cdot 9$		$5 \cdot 6$ ◯ $4 \cdot 7$
	$7 \cdot 8$ ◯ 50		70 ◯ $9 \cdot 8$		$2 \cdot 2 \cdot 3$ ◯ $2 \cdot 3 \cdot 3$
	$6 \cdot 5$ ◯ 30		80 ◯ $9 \cdot 9$		$2 \cdot 3 \cdot 6$ ◯ $2 \cdot 2 \cdot 9$
	$\_\_\_ \cdot 5 > 40$		$90 = 9 \cdot \_\_\_$		$3 \cdot 3 \cdot 3 > 2 \cdot 2 \cdot \_\_$
	$\_\_\_ \cdot \_\_$ ◯ 50		60 ◯ $\_\_ \cdot \_\_\_$		$\_\_ \cdot \_\_ \cdot \_\_$ ◯ $\_\_ \cdot \_\_ \cdot \_\_$

1 l = 1 000 ml

① 243 ml + 18 ml = ____ ml

125 ml + 65 ml = ____ ml

490 ml + ____ ml = 800 ml

375 ml + ____ ml = 700 ml

444 ml + ____ ml = 1 l

____ ml + 275 ml = 1 l

____ ml + 595 ml = 1 l

② $\frac{1}{2}$ l + $\frac{1}{2}$ l = ____ ml

$\frac{1}{4}$ l + $\frac{1}{4}$ l = ____ ml

$\frac{1}{2}$ l + $\frac{1}{4}$ l = ____ ml

$1\frac{1}{2}$ l + $\frac{1}{2}$ l = ____ ml

③ $\frac{1}{4}$ l + ____ ml = 1 l

$\frac{1}{2}$ l + ____ ml = 1 l

$\frac{3}{4}$ l + ____ ml = 1 l

$1\frac{1}{2}$ l + ____ ml = 2 l

④ 1 Kaffeelöffel fasst 5 ml.

Kaffeelöffel	3	30	10	15	25	50	125
ml	15						

⑤ 1 Tasse fasst 125 ml.

Tasse	2	3	5	7	4	6	10	8
ml	250							

① $4 \cdot 8 =$ ___
$7 \cdot 6 =$ ___
$5 \cdot 9 =$ ___
$6 \cdot 6 =$ ___
$8 \cdot 7 =$ ___

② $12 \cdot 4 =$ ___
$11 \cdot 5 =$ ___
$13 \cdot 2 =$ ___
$16 \cdot 0 =$ ___
$14 \cdot 3 =$ ___

③ $81 : 9 =$ ___
$49 : 7 =$ ___
$35 : 7 =$ ___
$48 : 8 =$ ___
$54 : 6 =$ ___

④ $57 : 9 =$ ___ R ___
$49 : 6 =$ ___ R ___
$27 : 4 =$ ___ R ___
___ $: 7 = 4$ R 3
___ $: 8 = 5$ R 3

⑤ $61 : 10 =$ ___ R ___
$40 : 12 =$ ___ R ___
$25 : 11 =$ ___ R ___
___ $: 10 = 7$ R 5
___ $: 20 = 4$ R 5

⑥ 3 ◯ 3 = 9
15 ◯ 5 = 10
42 ◯ 6 = 7
4 ◯ 4 = 8

⑦ 8 ◯ 4 = 24 ◯ 2
6 ◯ 2 = 9 ◯ 3
7 ◯ 4 = 20 ◯ 8
9 ◯ 9 = 8 ◯ 8

⑧

:	2	4	8
880			
640			
840			
480			
1 000			

⑨

:	2	3
300		
360		
390		
420		
180		

① 4 · 8 = ____
6 · 8 = ____
3 · 8 = ____
0 · 8 = ____
7 · 8 = ____
9 · 8 = ____

② 5 · 90 = ____
6 · 90 = ____
3 · 90 = ____
7 · 90 = ____
1 · 90 = ____
9 · 90 = ____

③ 2 · 2 · 2 = ____
3 · 3 · 3 = ____
4 · 4 · 4 = ____
5 · 5 · 5 = ____
0 · 0 · 0 = ____

④ 4 · 7 = ____
6 · 7 = ____
9 · 7 = ____
0 · 7 = ____
8 · 7 = ____

⑤ 4 · 60 = ____
8 · 60 = ____
2 · 60 = ____
10 · 60 = ____
5 · 60 = ____

⑥
24	24	24	24

⑦
15	15	15	15	15

⑧
| |
250		250	
125		125		125

⑨
| 200 |
100	
	50	
		25	

>, < oder =?

① 49 + 52 ○ 100
75 + 35 ○ 100
85 + 15 ○ 100
45 + 45 ○ 100

<, <, <, =, =, >, >, >, >

② 1 000 ○ 455 + 555
1 000 ○ 650 + 450
1 000 ○ 250 + 750
1 000 ○ 350 + 580

③ 7 · 4 ○ 8 · 4
7 · 3 ○ 3 · 6
9 · 6 ○ 6 · 6
8 · 3 ○ 6 · 4

④ 5 · 4 ○ 10 · 2
7 · 6 ○ 8 · 5
12 · 4 ○ 6 · 8
8 · 4 ○ 9 · 4

<, <, <, =, =, =, >, >, >

⑤ 90 · 4 = ____
70 · 6 = ____
30 · 5 = ____
50 · 8 = ____

⑥ 80 : 4 = ____
70 : 2 = ____
90 : 3 = ____
100 : 4 = ____

⑦ ____ : 6 = 40
____ : 4 = 80
____ : 7 = 50
____ : 9 = 90

20, 25, 30, 35, 150, 240, 280, 320, 350, 360, 400, 420, 810

⑧ Kreuze an was wahr oder falsch ist.

	wahr	falsch
In der Schule trinke ich Kakao.	☐	☐
1 000 ist eine Quadratzahl.	☐	☐
Die Zahl 384 hat doppelt so viele Zehner wie Einer.	☐	☐
Die Zahl 998 ist die größte dreistellige Zahl.	☐	☐

1. 0, 75, 150, 225, ____, ____, ____, ____, 600

2. 0, 125, 250, ____, ____, ____, ____, ____, 1 000

3. 940, 890, 840, ____, ____, ____, 640

4. 1 024, 512, 256, ____, ____, ____, 16

5. 1, 4, 9, 16, ____, ____, ____, ____, ____, 100

6. 12, 6, 18, 12, 24, ____, ____, ____, ____, 30

7. 4, 8, 6, 12, 10, ____, ____, ____, ____, ____, 66

8.

+	33		250
47			
167		270	
			467
	233		

9.

−	18		
100			1
200		175	
500			
			901

10.

·	7		5
8			
	7		
12		0	
			20

11.

:		2	4
24			
480	80		
			9
		60	

① $6 \cdot 4 = \underline{\quad} \cdot 8$

$2 \cdot \underline{\quad} = 3 \cdot 6$

$2 \cdot 14 = \underline{\quad} \cdot 7$

$5 \cdot 6 = 2 \cdot \underline{\quad}$

$2 \cdot 6 = \underline{\quad} \cdot 3$

② $2 \cdot 3 \cdot 5 \cdot \underline{\quad} = 90$

$4 \cdot 2 \cdot 3 \cdot \underline{\quad} = 48$

$3 \cdot 4 \cdot \underline{\quad} \cdot 2 = 72$

$5 \cdot 5 \cdot \underline{\quad} \cdot 2 = 100$

$7 \cdot 5 \cdot \underline{\quad} \cdot 0 = 0$

(·), (:), (+) oder (−)?

③ $72 : 8 = 3 \bigcirc 3$

$4 \cdot 9 = 6 \bigcirc 6$

$12 \bigcirc 2 = 3 \cdot 8$

$15 \bigcirc 15 = 6 \cdot 5$

$45 : 5 = 12 \bigcirc 3$

④ $4 \bigcirc 5 = 2 \bigcirc 10$

$8 \bigcirc 4 = 35 \bigcirc 3$

$3 \bigcirc 4 = 14 \bigcirc 2$

$7 \bigcirc 6 = 45 \bigcirc 3$

$40 \bigcirc 8 = 8 \bigcirc 6$

⑤ $45 : 7 = \underline{\quad}\ R\ \underline{\quad}$

$33 : 5 = \underline{\quad}\ R\ \underline{\quad}$

$57 : 9 = \underline{\quad}\ R\ \underline{\quad}$

$\underline{\quad} : 8 = 6\ R\ 3$

$\underline{\quad} : 4 = 6\ R\ 3$

⑥ $78 : 9 = \underline{\quad}\ R\ \underline{\quad}$

$39 : \underline{\quad} = 4\ R\ 7$

$52 : \underline{\quad} = 7\ R\ 3$

$95 : 9 = \underline{\quad}\ R\ \underline{\quad}$

$\underline{\quad} : \underline{\quad} = 5\ R\ 5$

⑦ 1 000 —(: 4)→ ☐ —(· 2)→ ☐ —(: 5)→ ☐ —(· 10)→ ☐

⑧ 1 000 —(− 500)→ ☐ —(− 250)→ ☐ —(+ 500)→ ☐ —(+ 250)→ ☐

⑨ 1 000 —(+ 500)→ ☐ —(+ 250)→ ☐ —(+ 250)→ ☐ —(+ 1 000)→ ☐